U0256320

手机助农新十招

《手机助农新十招》编写组　编

农业农村部市场与信息化司　指导

中国农业出版社
北　京

图书在版编目（CIP）数据

手机助农新十招/《手机助农新十招》编写组编
. —北京：中国农业出版社，2021.9
ISBN 978 - 7 - 109 - 28758 - 7

Ⅰ.①手… Ⅱ.①手… Ⅲ.①信息技术—应用—农业
Ⅳ.①S126

中国版本图书馆 CIP 数据核字（2021）第 185119 号

中国农业出版社出版

地址：北京市朝阳区麦子店街 18 号楼
邮编：100125
责任编辑：黄 曦　责任校对：吴丽婷
印刷：中农印务有限公司
版次：2021 年 9 月第 1 版
印次：2021 年 9 月北京第 1 次印刷
发行：新华书店北京发行所
开本：787mm×1092mm　1/32
印张：1.75
字数：60 千字
定价：15.00 元

目　录

▶扫描书中二维码，可观看手机应用小视频。

手机是农民朋友的新农具。用好手机，不仅能帮助农民朋友更好地发展农业生产，也能让乡村的生活更便捷，更美好。农民朋友们，我们一起来看看，手机在我们的生产、生活中有哪些大用处吧！

第一招　如何用手机支付让生活更便捷

如今，移动支付的应用场景遍布人们衣食住行的各个领域。给手机充话费、缴纳水电费、打车、订餐、买电影票、购物、跨行汇款、还信用卡账单等，足不出户就可以在手机上完成支付。

扫码学手机应用

📱 一、如何用手机进行支付

1. 如何通过手机进行线上支付

首先登录某第三方支付平台账户。如果没有账户，需要先进行注册。注册后绑定用于支付的银行卡。

登录以后，可以看到在界面中有一个"银行卡"图标，点击进入。

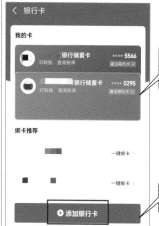

这里显示已经绑定了两张银行卡，支付时，这两张银行卡都可用于支付。

如果还需要绑定更多，在这里点击添加。

填写银行卡号或者点相机图标，拍摄银行卡正面，系统会自动识别。之后按提示一步一步做就可以了。

也可以使用免输卡号流程按提示进行绑定。

绑定成功后可以点击查看详情，查看所有绑定卡的具体信息。

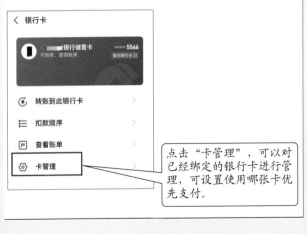

点击"卡管理"，可以对已经绑定的银行卡进行管理，可设置使用哪张卡优先支付。

〈 银行卡管理

● ■ ▓ .银行
　　**** 5566 储蓄卡

每日支付限额	50000元
查看卡号	刷脸查看 〉
ETC服务	去查看 〉
银行卡备注	去备注 〉
解除绑定	〉
支付锁定	〉

如有些银行卡已经不常用或已销卡，可点击"解除绑定"解除已绑定的银行卡，这张卡就不会再用来支付了。

　　绑定银行卡后，在线上购物支付时，如选择的是第三方支付平台支付，就会跳转到该平台进行支付。

　　温馨提示：尽量不要在绑定的用于线上支付的银行卡里放太多资金，可以使用有支付额度限制的Ⅱ类银行卡。

2. 线下手机付款有两种形式

　　一种是付款码付款，一种是"扫一扫"付款。这两种支付方式的区别如下：

(1) 付款码支付

在支付平台上点开"付款"，可出现动态的付款二维码，商家使用扫码枪扫描即可完成支付。

温馨提示：这是一个被扫码的过程，无需输入金额。在点"确定支付"前需要核对支付金额。

(2) "扫一扫"支付

顾客通过支付平台的"扫一扫"功能，扫描商家出示的收款二维码，然后输入应付金额进行支付。

温馨提示：使用时，农民朋友可把收款二维码做成胸牌挂在胸前，或者带底座固定放在一个安全的位置向买家展示，买家扫描进行支付。这样可节约双方时间，且不需找零，交易过程方便快捷。但要注意核实买家支付情况，且要注意收款码不要放置在自己关照不到的地方，以免被不法分子掉包。

线下购物，转账付款时，务必看清对方的账号和信息，确认无误后再进行下一步操作。

二、如何用手机进行日常生活缴费

以前，咱们农民朋友缴纳电话费及水电费、燃气费等，需要专门跑到城镇的营业厅去，有些乡村离城镇比较远，费时费力，很不方便。

现在使用支付平台或收费单位的小程序便能足不出户一键交纳各种日常费用。

不少服务平台也对常用的缴费项目做了聚合，方便用户使用。

1. 如何使用助农平台进行生活缴费

以为手机充值为例：

打开益农社运营服务总平台（重庆），我们以手机充值为例为大家演示缴费流程。

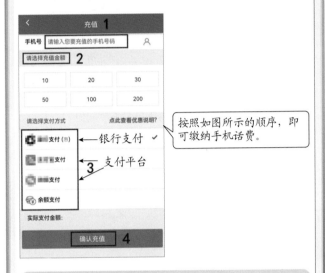

按照如图所示的顺序，即可缴纳手机话费。

温馨提示： ①一定要到正规的应用商店里下载软件，不要下载来路不明的软件。

②在进行充值前注意核对充值手机号码，以免误充到别人手机账户中去。即使手机欠费停机，连上 Wi-Fi（无线网络）也是可以进行充值的。

2. 城乡居民基本医疗保险可以在线上进行缴费

如何在线上进行城乡居民基本医疗保险缴费，请看下面的演示：

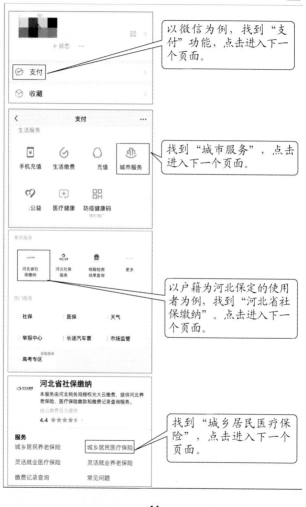

以微信为例，找到"支付"功能，点击进入下一个页面。

找到"城市服务"，点击进入下一个页面。

以户籍为河北保定的使用者为例，找到"河北省社保缴纳"。点击进入下一个页面。

找到"城乡居民医疗保险"，点击进入下一个页面。

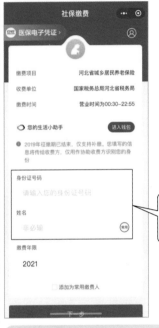

填入身份证号码及姓名，按提示一步步进行即可完成缴费。

温馨提示：①城乡居民基本医疗保险可以代缴、补缴，但并不是所有的地区都开通了网上缴费，没有开通的地区还是需要线下缴费。

②部分地区可通过税务系统的公众号内置模块进行缴费。大家可根据需要进行尝试。

第二招　如何用手机让出行更简单

中国幅员辽阔，乡村与乡村之间的情况也各不相同。从偏远的乡村，去往繁华热闹的都市，广大的农民朋友，尤其是出行经验不丰富的朋友，依然会遇到各种各样的问题。希望下面的介绍能对大家有所帮助。

一、从农村去往陌生城市的出行方案如何选择

打开地图App，搜索从出发地到目的地，有多种出行方案供选择。

按照推荐的出行方案，查询到起点和终点汽车站、火车站或者机场后，确定想要的出行方式，搜索最适合自己出行时间段的票。需要注意的是，一定要到正规票务平台购票。

温馨提示：在对路线进行搜索时，软件会推荐一个用时最短的路线，但这样的路线方案未必适合每一个人。可根据自己的实际情况和经停需要，选择适合的路线出行。

二、从火车站（汽车站、机场）出来如何到达目的地

1. 如何乘坐公共交通到达目的地

打开地图App，输入出发地和目的地，选择公共交通，即可看到推荐路线。按需选择，选择最适合自己要求的方案。

温馨提示：一般来说，在城市选择地铁或公交车出行是比较便捷、经济的出行方式。注意不要选错出发地和目的地。

2. 如何使用手机打车软件前往目的地

打开打车软件(需要先开启定位)，输入出发地和目的地。一般来说，打车软件会实时定位你所在的位置。

选择好之后，就会出现目前等车时长、行程距离以及需要花费的时间和预估费用，有的软件会显示备选车类型。

点击"确认呼叫"后，即可在原地等待司机师傅过来接你。

温馨提示： 为了解决偏远地区农村的老人和孩子出行不便且不安全的问题，各地政府部门根据自己的实际情况，因地制宜地开通了当地的便民交通。各地农民朋友可以多了解相关信息，下载并熟练使用这些服务平台，让日常出行更加方便。

第三招 如何用手机享受便捷的医疗服务

对农民朋友来说，去城里的大医院看病是件不容易的事。幸好，现在各大医院都推出了手机便民服务，搞清楚了流程，就能轻松使用手机享受各种医疗服务，看病不再是件困难的事了。

一、利用各医院小程序进行免排队挂号

去医院门诊就诊最让人头疼的就是挂号。特别是一些比较有名的大医院，更是一号难求。除了可用大家熟知的 114 挂号，还可使用医院自身的 App 来挂号。现以某大型医院为例，为大家讲解手机免排队挂号的方法。

下载欲就医的某医院App并进入。进入后点击"预约挂号"；接着阅读相关提示和挂号须知并点击"确认"。

根据个人情况选择门诊。下面以"某院区普通门诊"—"儿科"—"儿科门诊"为例。

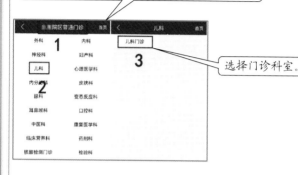

选择门诊科室。

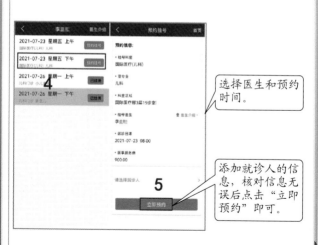

选择医生和预约时间。

添加就诊人的信息，核对信息无误后点击"立即预约"即可。

温馨提示： 很多医院自己的公众号和小程序有预约挂号和其他医疗服务的功能。也可以通过第三方的挂号平台进行挂号服务。

📱 二、小病和例行复诊可进行线上就诊

　　农民朋友去一趟大医院不容易，肯定希望坐在家里就能找医生看病，现在，随着手机的广泛运用，这个愿望已经实现。

　　我们以某医院为例给大家介绍如何线上就诊。

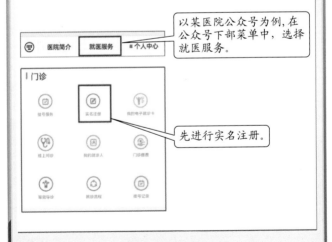

以某医院公众号为例，在公众号下部菜单中，选择就医服务。

先进行实名注册。

在公众号底部菜单中，选择"个人中心"，在上拉菜单中找到"在线问诊"。

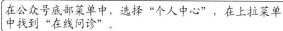

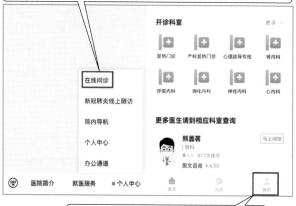

如果要添加就诊人，先找到"我的"。

然后按如下步骤进行：
我的就诊人→添加就诊人→输入个人信息→立即绑定

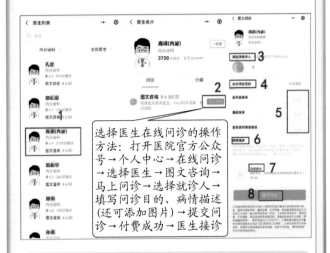

选择医生在线问诊的操作方法：打开医院官方公众号→个人中心→在线问诊→选择医生→图文咨询→马上问诊→选择就诊人→填写问诊目的、病情描述（还可添加图片）→提交问诊→付费成功→医生接诊

温馨提示：目前，各大医院的在线就诊服务只对已在医院进行过初诊的用户开放。如果从未在该医院就诊，则需要先去医院就诊。

第四招　如何用手机协助
农村防疫

　　面对新冠肺炎疫情，大家一刻都不能放松警惕。手机作为重要的"新农具"，在农村防疫中发挥了重要作用。

扫码学手机应用

一、如何查询能够做核酸检测的机构

　　以国家政务平台小程序为例，我们可以这样查询全国的核酸检测机构。

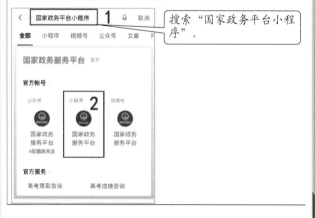

搜索"国家政务平台小程序"。

打开后可以找到"全国核酸检测机构查询"。

查找自己目前所在位置即可看到附近所有可以做检测的机构以及联系方式。

二、如何线上预约核酸检测

　　在线上预约核酸检测的途径有很多。用前面的办法查询到检测机构信息后，可到其对应的机构官方 App 直接致电预约或者进行线上预约。

　　不过，不一定每个机构都有线上预约的途径。也可以直接用支付宝进行线上预约。

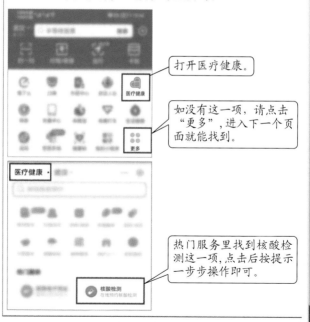

打开医疗健康。

如没有这一项，请点击"更多"，进入下一个页面就能找到。

热门服务里找到核酸检测这一项，点击后按提示一步步操作即可。

📱三、获得核酸检测结果的途径

最好用的是各种端口的健康码小程序。用任意办法打开健康码小程序，会在显示自己健康码的同时，一并显示疫苗注射情况，以及历次核酸检测的结果。

📱四、如何申领健康码

　　目前，原则上一个省（自治区、直辖市）只保留一个统筹建设的健康码。

　　国家政务服务平台"防疫健康信息码"是国家推荐使用、全国范围内互通互认的个人健康信息电子凭证，能为大家提供本人防疫健康信息相关查询服务。

　　申领步骤如下：

在小程序中，搜索"国家政务服务平台"。

点击"防疫健康信息码服务"。

进入"防疫健康信息码服务"，按照提示步骤，如实填写相关信息，点"确定"进行人脸识别以确定身份。

实名认证后，就可以领取自己的健康码了。

📱 五、查看每日疫情通报

如何用搜索引擎查询全国每日疫情通报？请按以下步骤进行：

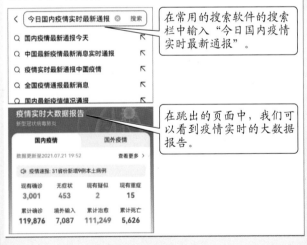

在常用的搜索软件的搜索栏中输入"今日国内疫情实时最新通报"。

在跳出的页面中，我们可以看到疫情实时的大数据报告。

六、获取疫情期间出行信息

疫情每天都在发生变化，对农民朋友来说，及时掌握出行的防疫政策可以避免很多麻烦。

打开"国务院"官方小程序。

点开"各地防控政策"，进入下一个页面。

中国政府网 www.gov.cn · 国务院客户端 State Council App

各地疫情防控政策措施
防控新冠肺炎疫情

出发地		目的地
北京 ▾	⇄	请选择 ▾

本服务由31个省（自治区、直辖市）和新疆生产建设兵团联防联控机制提供相关数据

> 小程序在得到你的允许后，会定位你的即时所在地，默认为你的出发地。也可以点选出发地。

> 点开三角黑标，选择你的目的地。

各地疫情防控政策措施
防控新冠肺炎疫情

出发地		目的地
北京市 ▾	⇄	韶关市 ▾

本服务由31个省（自治区、直辖市）和新疆生产建设兵团联防联控机制提供相关数据

出 离开北京市
全部低风险

内容由该地区于2021年09月18日12时报送，建议出行前先拨打当地电话咨询

近期，国内本土病例零星散发，并引起聚集性疫情。加之全球新冠疫情仍处于高位，疫情防控工作严峻复杂，不能有丝毫松懈。市民要继续绷紧疫情防控这根弦，落实好常态化疫情防控措施，继续增强防护意识，健康安全度过中秋国庆佳节。

一是继续坚持非必须不出京，不去中高风险及有病例报告的地区旅行。中高风险及有病例报告的地区进（返）京人员自觉做好道路卡口、高铁...

查看全文

入 进入韶关市
全部低风险

内容由该地区于2021年09月18日12时报送，建议出行前先拨打当地电话咨询

1.对境内高风险地区来（返）韶人员开展14天集中隔离；对高风险地区在县（区）来（返）韶人员开展7+7健康管理（7天居家隔离+7天居家健康监测），并在第1、3、7、14天各开展一次核酸检测；对高风险地区所在地市来（返）韶人员开展"三天两检"（间隔24小时）和14天居家健康监测，上述措施时间自离开高风险地区起算。

2.对中风险地区来（返）韶人员开展14天居家隔离，对中风险地区所在地市来（返）韶人员开...

查看全文

北京市交通政策	查看韶关市政策

民航 公路 铁路

由于各地疫情防控政策和市场需求因素，目前各航空公司已取消了相关城市到首都机场的航班。下一步，将根据疫情发展形势和各地疫情防控需要，对相关城市涉京航班采取动态化管控措施。旅客从首都机场出行需要持有绿色健康码，规范...

查看全文

> 点开"查看全文"查看所在地的防疫详细要求。

> 点开此处查看目的地的防疫政策。

第五招　如何用手机获取社会化服务

　　12316 是全国农业系统公益服务专用号码，伴随着各地进村入户信息平台的建设，给农民朋友带来很多便捷的服务。

一、农机以租代购

　　我们以渝益农 12316 公众号为例演示如何租农机。

在公众号类目里搜索12316。

点击关注"渝益农12316"公众号。

在这里我们可以看到很多益农服务类别，点"更多服务"进入下一个页面。

公益服务类目下，选择"农机作业服务"。这里有三个板块：找农机、找地块，以及信息发布。选择"找农机"。

打开后可以看到里面有很多农机租赁服务提供方。

挑选自己需要的农机，选择离自己最近的人，点击进入就会出现提供服务的人员信息。可直接拨打电话，互相确认好租用的时间、价格等信息，就可以租到需要的机器了。

温馨提示： 进行合作之前谈好细节，签订合同，保护双方权益。同样，如果你是机器的出借方，也可以采用这种形式，发布信息，需要租借农机的农户就会联系你了。

二、"互联网＋"时代的农田托管服务

如今，农田托管也在向"智慧"转型。

通过一部手机就可以买农资、用农机、问专家、看农田。在线上实现地块可视化管理、遥感巡田管理、农作物遥感监测、农机作业调度、农田精准气象、病虫害预警等智慧管理。

另外，还能通过托管服务平台，获取直观的农技指导。

最方便的是，可以直接通过线上App发布植保需求。填好相关信息就可以在家坐等服务上门了。

温馨提示：在签订托管合同的时候，多问问相关人员，学习这些 App 的功能和使用方法。关注官方网站信息，及时了解对方服务范围的增减。有些服务方会不定时举行一些线下的讲座，这些信息都会在其官方渠道进行发布。

第六招　如何用手机学习农业科学技术

　　用手机作为工具，利用移动互联网可以很方便地学习农业科学技术。

扫码学手机应用

一、用手机参与农业技术在线培训

　　我们以一个涵盖范围比较广泛的农技知识学习 App——"农民学手机"为例教大家在线学习。

搜索"农民学手机"进行下载安装。

选择想要学习的课程，点击播放，即可开始学习。

在课堂里找到自己想学习的大类，比如"农业实用技术"。

二、如何用手机实现与农业专家的零距离互动

移动互联网时代，学农技也有了新的玩法，通过手机，一边看视频，还能一边跟农业专家进行互动，是不是很神奇？

1. 找专家课程学农技知识

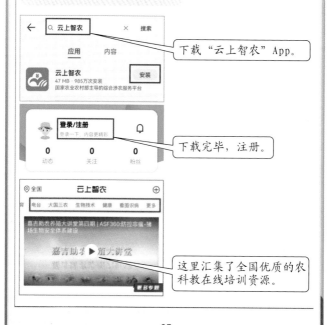

下载"云上智农"App。

下载完毕，注册。

这里汇集了全国优质的农科教在线培训资源。

可选择自己感兴趣的内容学习。

2. 在遇到农技方面问题时该如何解决

云上智农App有问答模块，农民朋友可以把在实际生产中遇到的问题在这里与相关的专家、农技人员进行互动交流。

如果是想咨询有关农作物病虫害的问题，先去"看图识病"这个板块看一下是否有类似的内容能解决自己的问题。

3. 怎样提出自己的问题

（1）上传图片直接问

点击"我要问"，选择上传图片，选择品种名称及问题的类型，这样能更精确地分类，快速解决问题。

如上传一张黄瓜染病叶子的图片，在下面提问时可这样描述：请问，黄瓜的叶子是怎么回事？

（2）在社区里找专家问

可以选择频道，在特定的产业社区中与专家进行一对一的交流咨询。下面我们以小麦社区为例，看看社区里面都有哪些内容。

专家咨询板块：

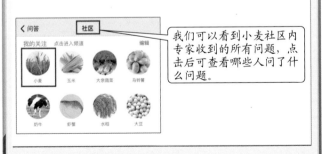

我们可以看到小麦社区内专家收到的所有问题，点击后可查看哪些人问了什么问题。

精华文章板块：

精华文章是指在该产业社区的技术热点文章，用户可以浏览发布的内容并进行评论和点赞。

成果速递板块：

在社区内，专家的成果能更快速地用来指导农业生产。

专家团队板块：

社区内有首席科学家、岗位科学家及实验站长。其中首席科学家是小麦社区的版主，负责维护该社区的内容。

点击某一个专家的头像，可以在这里与专家进行一对一的提问。

第七招　如何用手机拍好农产品

手机作为新农具，有一个很强大的功能，就是拍照。线上销售农产品，给农产品拍好产品照是非常重要的。好的照片能够很好地表现出农产品的优点，能够促进农产品的销量。

扫码学手机应用

📱 一、设计产品呈现的样式

拍摄前，我们要想好所拍摄的农产品要以什么样的状态呈现在镜头前。

以蔬菜和水果举例：

整只水果

切片

水果组合切片

📱 二、通过构图展现蔬果的不同面

拍摄前需要提前设计，将蔬果放置在画面哪个位置比较好，留白部分怎么安排？拍摄中可多多尝试。

1. 中心构图拍摄果蔬"证件照"

将蔬果放置在画面中心，四周留白，主体突出，一张漂亮的农产品"证件照"就拍好了。

2. 边缘构图给标题留位置

将蔬果放置在画面边缘，留出中心比例大且集中的空白。使用照片时，可以把标题放在画面中间。

3. 画面果蔬满满

完好的蔬果、蔬果切面，以及蔬果碎丁都可以作为主体充满画面。

三、拍摄背景与道具

　　拍摄农产品时，我们可以尝试多种颜色、材质的背景，增加自己作品的丰富性。

1. 白背景（静物台）

> 白背景是拍摄静物时最常用的背景颜色，白背景图片也是热度很高的一种静物图片类型。

2. 镜面黑背景

> 被拍摄物在黑色镜面背景上的投影，可以使物体展示得更加完整，也丰富了构图的趣味性，富有质感。需要注意的是，镜面背景务必处理干净。

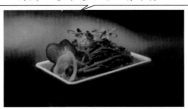

3. 水背景

> 洒水可以让蔬果沾上水珠变得鲜活起来。把蔬果"扔进"水里会得到一个具有动感的画面。水可以给蔬果带来新鲜感。不同的水花、不同的视角，都能带来很好的拍摄效果。

4. 巧用拍摄道具

善用道具可增加蔬果画面的丰富性。

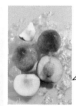

水果篮

冰块

温馨提示：如今，手机修图软件多种多样，可以一键生成各种需要的图片形式。大家可以多做尝试！

第八招　如何用手机才安全

手机功能越来越强大，大家使用手机的频率也越来越高。手机安全使用成了一个需要关注的重要问题。

一、养成良好的手机使用习惯

1. 不要将隐私信息保存在手机中

千万不能把带有个人信息内容的照片保存在手机中。更不能用手机记录账户密码。一旦误连了存在安全隐患的Wi-Fi，或者误点了被植入病毒的链接，这些隐私信息就成了不法分子的囊中之物了。

2. 密码设置要重视

不少人图省事将所有账户都设为同一个密码，其实这样做很不安全。当某个账户密码被不法分子破解后，其他账户也会陷入危险。另外，手机一定要设置开机密码，这样可以避免手机丢失或被盗时造成更大的财产损失。

3. 不安全的扫码行为

扫码支付，在支付时，应选择安全的场所，不要随意设置免密支付。

温馨提示： 扫码前提高警惕，要看清账号主体，不要扫描来路不明的二维码。

📱 二、需要警惕的各种网络诈骗

1. 仿冒他人身份诈骗

你好，我是你投资人！我因为薅羊毛被抓了！请给孙警官转10000块救我出来。工行卡号142507758512 我出来立刻给你追加5千万投资！别回这个电话，在里面不方便接！

仿冒熟人身份，开出有诱惑力的条件引诱受害人汇款。

2. 网络兼职诈骗

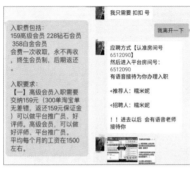

以有吸引力的条件引诱受害人加入刷单任务群，以收会费或要求垫付资金等形式进行诈骗。

3. 金融信用诈骗

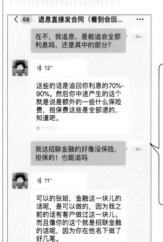

以办理金融服务（贷款、办信用卡、投资理财、套现等）的名义，收取服务费用、会员费等实施诈骗。包括但不限于以入会荐内部消息股、公积金提现、为信用不良用户开户贷款、消除借贷记录、贷款盗刷、信用卡套现等非法服务作为诱饵进行诈骗。

4. 交友诈骗

不法分子在婚恋网站等社交平台通过日常聊天与受害人建立好友关系，熟络后再以种种理由骗取钱财。

温馨提示： 预防网络诈骗牢记以下六条：

①接电话，遇到陌生人，只要一谈到银行卡，一律挂掉。

②只要谈到中奖了，要求先支付邮寄奖品的费用或其他费用的一律挂掉。

③只要一谈到"电话转接公安局、法院"，一律挂掉。

④所有陌生短信，但凡让点击链接的，一律删掉。

⑤社交软件中陌生人发来的链接，一律不点。

⑥提到"安全账户"的，都是诈骗！

第九招　如何用手机查询最新助农政策

农民朋友想要查询最新最准确的助农政策，可以收藏一些权威的农业农村方面的官方网站，时时关注最新的助农政策。

一、农业农村部官网

用手机搜索农业农村部的官方网站，并在首页搜索栏中输入"助农"两字，可以进行助农政策的查询。

📱 二、地方信息进村入户平台

以益农社运营服务平台（重庆）为例：

可在网页上找到"农业农村部政策查询"，点击进入浏览。

该平台还有一个益农绿色通道，选择自己所在的乡镇，便可看到与自己最相关的讯息。

可在网页上"公益服务"下找到"农业农村部政策查询"。

点击自己想了解的政策原文可浏览全文。

三、12316 全国农业系统公益服务平台

以 http：//12316.agri.cn/为例：

12316这个平台的政策法规宣传内容集中在"宣传推介"这个板块中。最新发布的政策法规信息都会在第一时间公布。

当前位置：首页 >> 宣传推介

最高法出台护航乡村振兴新策

国际食品法典农药残留会第52届年会在线上召开

农业农村部多措并举保障河南灾后生产用种

农业农村部党组召开会议强调 争分夺秒全力以赴抓好防灾减灾 坚决守住全年粮食和农业丰收基本盘

第十招　如何用手机获得
法律知识与援助

　　农民朋友在遇到棘手的涉农法律问题时，可寻求法律援助。

一、搜索国家法律法规数据库查询最新法律法规

　　农民朋友如果需要了解相关领域的法律法规，足不出户，利用手机就可查阅法律类的数字资源库，方便又快捷。

打开手机浏览器，搜索"国家法律法规数据库"，选择后缀有"官网"标志的安全链接。点击跳转，便可看到所有的法律法规。包括最新的农业类法规。

| 全部 | 视频 | 图片 | 小视频 | 小说 | 问答 | 贴吧 |

国家法律法规数据库　官方

国数据安全法 [2021-06-10] 中华人民共和国军人地位和权益保障法 [2021-06-10] 中华人民共和国...

flk.npc.gov.cn　较多分享　　⬆ 21　⬇　···

在搜索栏中，输入"农业"二字，便可搜索到所有与农业相关的法律法规。

点击自己想了解的法律法规原文可浏览全文。

二、登录农业农村部官方网站找到政策法规栏目进行查询

政务大厅

| 公开 | 目录 | 申请 | 查询 |

政策法规　通知公告　财务公开　人事信息

建议提案　规划计划

· 关于政协第十三届全国委员会第四次会议第
0967号（农业水利类100号）提案...　07-23

· 关于政协第十三届全国委员会第四次会议第
2539号提案的答复摘要　07-22

> 农业农村部官网，下拉至"政务大厅"，在"公开"的栏目下，会出现"政策法规"子栏目，点击进入可查看涉农的相关政策法规。

三、善用中国法律服务网寻求法律援助

> 打开手机浏览器，搜索"12348"，确认后缀有gov.cn，点击跳转，便可看到求法援的类目。根据指引跳转到对应省份，即可看到获得法援的方法。

根据指引跳转到对应省份，看到各省（区）法援的联系方式，即可在线申请法律援助。

四、国家政务服务平台是农民朋友寻求法援的重要渠道

找到"国家政务服务平台"，点击并进入"国家政务服务平台小程序"。

搜索

Q 法律援助　　　　　　搜索

办事服务　　　　　7579条办事结果

对公民法律援助申请的审批
实施主体：罗源县法律援助中心

对公民法律援助申请的审批
实施主体：海沧区法律援助中心

司法
服务提供：司法部##全国人大常委会办公厅

法律援助机构查询

在搜索对话框里搜索"法律援助"，点击"法律援助机构查询"。

法律援助机构查询

北京市丰台区法律援助中心

北京市石景山区法律援助中心

北京市门头沟区法律援助中心

北京市大兴区法律援助中心

北京市通州区法律援助中心

北京市顺义区法律援助中心

查看法律援助机构的详细信息。点击进入，按提示一步步进行就可以获得法律援助了。

温馨提示： 农民朋友们一定要到正规的法律援助机构平台上寻求帮助，一定要找正规的律师来帮助自己。